Franz Schörkhuber

Gedanken & Fakten zu

BRUDER BAUM

READ GLOBAL BUY LOCAL

FSC
www.fsc.org
MIX
Papier | Fördert gute Waldnutzung
FSC® C118234

ISBN 978-3-99025-465-3

Layout: freya_art, Jessica Kandler
Lektorat: Mag. Dorothea Forster

printed by GPS-Group

Bildnachweis:

Alle hier nicht angeführten Fotos sind vom Autor Franz Schörkhuber

Cover: adobe stock; travelsuisse / Jessica Kandler / aotearoa: S. 6, 7 / Werner Schörkhuber: S. 25, 49 / Konrad Neubauer: S. 54 / Robert Brimberry: S. 73 / Karina Baumgart: S. 82 / Linda Wilhelm: S 102 / Alois Lindenbauer: S. 106, 134 / kelifamily: S 142, 143 / Ernst Schürhagl: S. 157, 158 / Martina: S. 163 /©Nationalpark – Gesäuse: S. 166, 167 / oksix: S 179 / Wolf Ruzicka: S. 184

FRANZ SCHÖRKHUBER

Gedanken & Fakten zu BRUDER BAUM

freya

Inhalt

„Habt Ehrfurcht vor dem Baum,
er ist ein großes Wunder
und euren Vorfahren war er heilig."

Alexander von Humboldt (1769–1859)

Ahorn

Bergahorn

Acer pseudoplatanus

Mächtig
breitet er seine Krone
für Schutzsuchende
bis hinauf an die Baumgrenze.

Ehrfurchterweckend
Wuchs und Charisma.

Rütlischwur –
Wilhelm Tell.

- Würde und Ausstrahlung des Ahorns finden Ausdruck in zahlreichen Wappen, auf Fahnen, Münzen, Medaillen, Textilien ...

- Der Rütlischwur der Kantone Uri, Schwyz und Unterwalden gegen die tyrannischen Habsburger wurde unter einem großmächtigen Bergahorn geschworen, von dem noch ein Strunk im Museum Sursilvan in Trun, Graubünden, zu sehen ist.

- Leonardo da Vinci soll sich für seine Flugskizzen neben den Vogelflügeln auch von den Flügelsamen des Ahorns inspirieren lassen haben.

- Die fachgerechte Naturtrocknung des Holzes erfolgt – zur Vermeidung von Verdunkelungen bei den Stapelleisten – mit senkrecht aufgestellten Brettern.

- Das dunklere und härtere Maserholz des Feldahorns ist begehrt für Drechseleien, Schatullen und Kleinfurniere, aber auch für höchst individuelle Pfeifenköpfe.

- Die faszinierenden Ahornnüsschen (Nasenzwicker) mit ihren hubschrauberähnlichen Flügeln drehen sich im Fallen ein Dutzend Mal pro Sekunde und können sich so von einem Baum aus über ein ganzes Hektar verbreiten.

- Die Nüsschen des Bergahorns sind in größeren Mengen für Pferde tödlich.

- Ahornblüten sind eine besonders ergiebige Frühsommertracht der Bienen.

- Vom Bergahorn kann im Frühjahr Ahornsaft gewonnen werden.

- Junge Feld- und Spitzahornblätter eignen sich für Salate und zur Vergärung – analog dem Sauerkraut.

Feldahorn

Acer campestre

Der Zweite im Bunde –
mit kleineren Blättern
und meist nicht ganz so mächtig –
liebt
die Haine, die Täler, die Auen.

Sein Holz ist das härtere
der drei Brüder.

Eine Augenweide
seine Hecken.

Spitzahorn
Acer platanoides

Der Farbenfrohe
mit den feinen, spitzen Blättern.

Selbst im Verfall noch
leuchtet das Herbstlaub
und inspiriert
schon die Kinder,
die bunten Blätter
zu sammeln und zu malen.

Spielerisch
wirbeln auch die kleinen Nüsschen
von den hohen Bäumen.

Alpenrose

Rhododendron hirsutum

Almrausch,
wohl der berauschenden
Schönheit wegen.

Kräftig scheinender,
doch äußerst sensibler,
wimpernschlagender
Berg-Rhododendron.

Eisbärenkindern gleich
braucht sie im kalten Winter
die schützende Schneedecke,
um nicht zu erfrieren.

Im Sommer aber
zeigt das Röslein
glockig rosa Blüten,
sodass der Bewundrer Herzen
hörbar pulsen
und
– Livia –
beglückend lächelt.

- Sowohl die Bewimperte als auch die Rostblättrige Alpenrose führen beim Weidevieh immer wieder zu Vergiftungen, während die aus dem Schnee ragenden Ästchen eine wertvolle Winternahrung für das Schneehuhn und den Schneehasen sind.

- Alpensagen und Legenden erzählen sowohl märchenhafte als auch schaurige Geschichten über die seltenen weißen Alpenrosen.

- Alpenrosen sind wichtige humusaufbauende und bodenverbessernde Pionierpflanzen auf den alpinen Schutthalden.

- Die Zwergalpenrose ist eine eigene Art und trägt ihren Namen wohl nur ihres Aussehens wegen.

Berberitze

Berberis vulgaris

Blüten, Rinde,
Wurzelholz –
einst
das Sonnenblumengelb
der Färber.

Rot hingegen sind die Beeren,
derentwegen
der Strauch
auch
Sauerdorn
genannt.

Obgleich
der Strauch toxisch,
erfrischen mit Vitaminen
die Beeren
und sie bereichern
kundige Köche
beim Würzen.

- Bodensicherndes Pioniergehölz auf Extremstandorten
- Das sehr harte Holz färbt sich nach etwa 20 Jahren von gelb auf grün.
- Von der Landbevölkerung wurde der Saft der Beeren als Zitronenersatz verwendet.
- Die meisten Dornenträger lassen Astspitzen zu Dornen eintrocknen. Die Berberitze hingegen bildet Blätter als Dornen aus.

Birke

Betula

– Welch sonnig heitrer Baum –

von frühmorgens bis spät abends,
ja selbst bei Mondschein
schimmert hell
die glatte, falbe Borke.

Pionierpflanze der Nordhalbkugel
von alpinen Hochlagen über Moore und
Dünen bis zur Tundra,
wie auf Halden, in Dachrinnen,
auf Schloten verlassener Orte;

Steinzeitrohstoff –
Rindenschachteln, Becher, Schuhe;
zur Frischhaltung,
antiseptische Rindenkisten
für Brot und Getreide;
rauchfreie Holzspankerzen.
Das leichte Rindenkanu.
Rindenpech, der Steinzeitkleber
zur Befestigung
der Steinklingen an Äxten,
der Spitzen an Speeren.

Heiltee aus Blättern.
Notzeitnahrung
inn're Rinde,
wie der süße Saft.

Ein Kleeblatt –
Huhn, Baum, Pilz.

Ja, und als Reisigbesen
soll sie sogar ein Fluggerät gewesen sein.

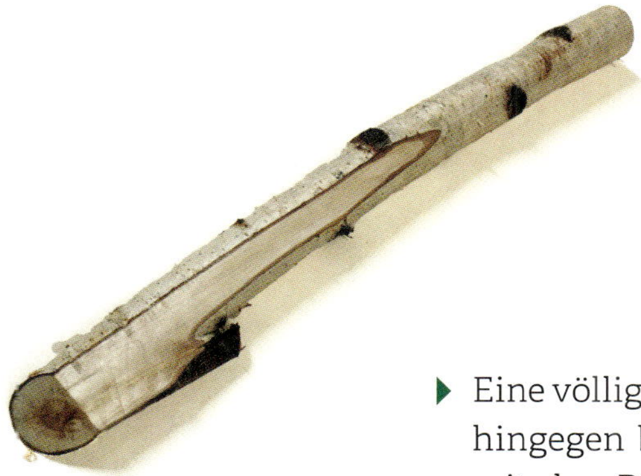

- Im Norden macht man heute noch Holzschuhe aus Birkenholz.
- Aus dem Maserholz werden im traditionellen Kunsthandwerk der Sämischen Bevölkerung die beliebten Guksi, das sind schöpferähnliche Häferl, hergestellt.
- Die glatte, weiße Birkenrinde wurde regional bis ins 18. Jahrhundert beschrieben.
- Birkenholz brennt wegen seines ätherischen Ölgehalts auch, wenn es feucht ist.
- Die Gletscher-Mumie Ötzi trug einen Köcher aus Birkenrinde bei sich.
- Birkenpech wird durch Verschwelen der Rinde gewonnen.
- Geflochtene Behälter konnten, mit Birkenpech überzogen, auch als Wasserbehälter verwendet werden.
- Die Birke diente einst auch als Schamanenholz nordischer Völker bei vielen Ritualen. Bis heute wird beim Saunagang ein angenehmes, leichtes Schlagen mit Birkenlaub zur Weckung von Lebensenergie praktiziert.
- Eine völlig entartete Verwendung fand hingegen bei uns das Kinderschlagen mit den Birkenruten des Heiligen Nikolaus, wenn sie nicht „brav" waren.
- Die Birke ist auch heute eine anerkannte Heilpflanze.
- Der zuckerhältige Saft wird, vor allem in Russland, zu Birkenwein vergoren. In Schweden wird daraus nach der Champagnermethode Schaumwein hergestellt und unter dem Namen Sav, auch Birkenchampagner genannt, verkauft.

Brombeere

Rubus fruticosus

Keine Beere
wird so behutsam
gepflückt,
wie die köstlichen Sammelsteinfrüchte
der Brombeere.

Selbst der Fuchs
kann ihrer Versuchung
nicht widerstehen
und streckt mit langem Hals
seine empfindliche Nase
zwischen
die stechend spitzen
Stacheln.

Buche

Rotbuche

Fagus sylvatica

Mächtig – prächtig
steht sie
in hellem Silberglanz der glatten Rinde
– einer Rüstung gleich –
auf altem Mutterboden.
„Chinesenbärte"
über verwachsenen, abgebrochenen
Ästen
schauen dich an, lächeln dir zu –
geheimnisvoll.

Hunderttausend Blätter
glänzend zartes Buchengrün,
vielleicht
die größte Sauerstofffabrik des
Kontinents.

Bucheckerngefüllt, die „Heil'gen Hallen"
der Nibelungen.

Mutter des Waldes.

- Schon vor den Runenbrettchen gab es Runenstäbe. Die 24 bis 33 Runen wurden in einzelne Buchenholzstäbe geschnitten. Bei Orakeln wurden diese Buchenstäbe geworfen, nacheinander aufgelesen und gedeutet. So kann man die Buchenstäbe auch als Vorstufe der Buchstaben betrachten.

- Junges Buchenlaub und Buchenkeimlinge waren seit jeher ein bevorzugtes Esslaub und finden heute wieder zurück in die Naturküche.

- Der kräftige Schwarzspecht hämmert seine Bruthöhlen, wenn vorhanden, in alte Buchen.

- Adalbert Stifter, aus „Die Mappe meines Urgroßvaters": „... für Sommerkühle und für Augenlabung an dem Grün der Buchen."

- Das grüne Waldglas wurde aus zwei Teilen Pottasche aus Buchenholz und einem Teil Quarzsand hergestellt.

- Erwin Thoma baut seine gesunden und langlebigen Holzhäuser aus „Mondholz" mit stark heruntergetrockneten Buchenholzstäben zusammen.

Buchenholz

von der Rotbuche

Lebensbegleitend –
Spielsachen, Schulbänke, Werkbänke,
Strapazmöbel
und
attraktive Kernbuchenmöbel
in den Kalkalpen.

Weltbekannt –
Bugholz der Thonet Jugendstil-
Sitzmöbelmanufakturen
der Wiener Werkstätte.

Industrieholz –
einst für die Pottasche der Glashütten,
heute für Zellulose.

Behagliche Winterwärme –
knisternde Öfen
in Küchen und Kammern,
Brennholz.

Geheimnisträger
– verbundene Runenbrettchen –
namensgebende
Urform des Buches.

- Vor Erfindung moderner Sprengtechnik wurden mit ebensolchen maximal getrockneten Buchenholzstäben Felsblöcke gesprengt. Die Hölzer wurden in die Bohrlöcher geschlagen und mit Wasser begossen. Das aufquellende Holz hat dann den Fels auseinandergedrückt.

- Unser größter und prachtvollster Käfer, der blitzblau schillernde Alpenbock, sucht das Totholz dicker Buchenstämme für seine Brut.

- Nach längerem Durchstreifen der Ufergehölze an der Enns für dieses Buch machte ich Rast auf einem großen Konglomeratblock. Auf diesem mächtigen Fels bleibt nach jedem größeren Hochwasser Treibholz hängen, oft ganze Bäume und auch dicke alte Stämme. So saß ich und schaute entspannt auf das unter mir munter fließende Wasser der in diesem Bereich wohl 80 bis 100 m breiten Enns. Da kam wie aus dem Nichts von etwa der Flussmitte her eine vermeintliche Libelle direkt auf diesen Fels zugeflogen und setzte sich einen halben Meter neben mir auf den gleichen Baumstamm.

  Nun erkannte ich erst, dass meine Libelle ein blitzblau schimmernder Alpenbock war. Nach einer Weile, er musste wohl auch rasten, begann er in einen Längsriss des Holzes Eier abzulegen, bis er sich wieder dem Wasser zuwandte und flügelknatternd zurück ans andere Ufer abhob. Und weil der imposante Käfer nur knapp einen Meter über dem Wasser flog, habe ich ihm mit großem Bangen nachgeschaut – aber es ging gut für den Käfer und für mich war das wie ein kleines „Wunder".

Buchsbaum

Buxus sempervirens

Immergrünes
Bäumchen
mit
Ellipsenblättchen – dicht belaubt.

Inmitten
ein Geheimnis bergend.
Wohnstatt
für
Rotkehlchen, Zaunkönig,
Kobold & Co.

- Vielleicht, weil er so langsam wächst, wird er bis zu 500 Jahre alt.

- Helles, klingelhartes Holz für Flöten und manch andre Kostbarkeit

- Der Buchsbaum gehört zu den wenigen Gehölzen, die ihre Samen von den fleißigen Ameisen vertragen lassen.

Efeu

Hedera helix

Immergrün
steht er
anschmiegsam, fest umschlingend,
schützend,
für
Freundschaft und Treue
und
fürs Ewige Leben.

Einzig zum Klettern
die Haltewurzeln an Bäumen und
Mauern,
aller Saft
steigt aus der Bodenwurzel.

Efeu, eine Aralie.
Speziell geformte, andersgrüne Blätter
auf Sonnen- und auf Schattenplätzen,
analog
Sommer- und Winterkleidern.

So,
als wüchse der Efeu
auf der südlichen Halbkugel,
erblüh'n
im Herbst
– zur Freude von Bienen, Schwebfliegen
und Schmetterlingen,
allen voran der Admiral –
gelbgrüne, kugeldoldige Blüten
und reifen
im Frühjahr
grünlich-schwarz oder bläulich
die Beeren.

Mythologisch
den Göttern des Weines geweiht,
trugen Osiris, Dionysos und Bacchus
Efeulaubkränze,
wie auch die
Dichter.
Und mit Efeu zierten sich die Musen.

- Bis 400 Jahre und älter

- Der „Wittenberger-Efeu" stand angeblich schon zu Zeiten Martin Luthers, 1483–1546.

- Solange der Efeu nur die dickeren kahlen Astbereiche besiedelt, schadet er den Bäumen nicht. Zum Problem wird er, wenn er bis in die belaubten Astspitzen vordringt und die Photosynthese beeinträchtigt oder gar verhindert. Ebenso, wenn er so dicht wächst, dass die Bäume die dadurch festgehaltene Schneelast nicht mehr tragen können. Gleiches gilt, wenn Bäume dem durch das dichte Laubwerk verstärkten Winddruck nicht standhalten können.

Eibe

Taxus baccata

Dunkelgrüner
Schattenbaum
im lichten Mischwald –
oft unter mächtigeren Bäumen,
doch diese lange überlebend.
Alt, uralt ihr Sein.

Mysteriös
die weichen, glänzend dunkelgrünen
Nadeln,
die großflächig schuppende, rotbraune
Borke,
das Gift
in allen Teilen des Baumes
mit Ausnahme
des süßen, leuchtendroten Fruchtmantels
der Beeren.

Einst –
als Pfeilgift gefürchtet –
der Eibennadelsud,
gewinnt die Eibe
heute
zunehmend
Bedeutung als Heilpflanze.

Die Eibe,
ein heiliger Baum der Kelten –
bis die alten Kultbäume
auch
der Inquisition
zum Opfer fielen.

- Die gefürchteten „Englischen Langbögen“ hatten eine Länge von zwei Metern. Ihre Reichweite lag über 200 Meter. Idealerweise wurden Eibenlatten mit einem Drittel Splintholz und zwei Drittel Kernholz verarbeitet, wobei das elastischere Splintholz nach außen, der Zugzone, und das härtere Kernholz nach innen, der Druckzone, gekehrt wurde.

- Obwohl die Eiben geschützt sind, werden immer noch Jagdtrophäen in hoher Anzahl auf Eibenholzscheiben montiert.

Eibenholz

Rotbraunes Kernholz und gelblicher
Splint,
bizarr gerundet und markant die
Jahresringe
in oft hoher Anzahl.

Heute
für schmucke Kästchen, Zierrat,
Musikinstrumente.

Historisch aber,
war das zähharte Holz von immenser
Bedeutung.
Es trug
der Mann vom Similaun
einen Eibenholzbogen
und,
es könnte wohl anders kaum sein,
Robin Hood.

Die Neandertaler
schnitzten Speere daraus
und vom Hundertjährigen Krieg
hat sich der Eibenbestand
– von den Karpaten bis Britannien –
bis heute nicht erholt,
Eibenbögen, Eibenbögen, Eibenbögen.

Friedliche Nutzung –
Pfähle für Pfahlbauten
– bis heute erhalten im Mondsee –
Hausrat und Gebrauchsgegenstände
vom Holzeimer bis zum Haarkamm,
von Axtholmen bis zu Webschiffchen.

Eiche
Quercus

- Buchengehölz

Knorrig, stark und mächtig,
aber sanft, sehr sanft.
Dürre Äste
zerbröseln in luftiger Höhe,
um schließlich weich und leicht
wie ein Schwamm
an einem dünnen, aber zähen
Kernholzband
sachte zu Boden zu fallen.

Was für ein Widerspruch,
musste gerade dieser gutmütige Riese,
als Gerichtseiche
so viel Gewalt und Unrecht erdulden,
wenn die Schergen Gottes
und des Staates
viele, viele arme Teufel
an seine schützenden,
weit ausladenden unteren Äste
gehängt haben.

- Alte Heilpflanze von den Wurzeln bis zum Wipfel mit wirksamen äußeren Heilmitteln aus jungen Rinden, Blättern und sogar den Galläpfeln – entzündungshemmend, antiseptisch

- Eichengalläpfel haben den höchsten natürlichen Gerbstoffanteil der heimischen Gehölze und wurden zum Schwarzfärben der Haare und zur Herstellung von dokumentenechter Tinte verwendet. Es stellte sich aber heraus, dass diese aufgrund ihrer Eisenhältigkeit das Papier zerfrisst.

- Eichelkaffee wurde für schwächliche Kinder, zu denen auch ich gehörte, zubereitet. Eicheln, auf dem Herdkranz oder im Backrohr getrocknet, leicht geröstet und gemahlen, lassen auf Ziegenmilch mehr Fettaugen schwimmen, als eine üppig gelbe Rindsuppe. Trotzdem schluckte ich diesen fetten „Kaffee" lieber als Lebertran.

- Der Eichelhäher kann bis zu 12 Eicheln in seinen Kehlsack stopfen – kein Wunder, wenn er dann abhebt wie ein vollgefressener Geier. Er versteckt Herbst für Herbst 10.000 Eicheln als Wintervorrat und verbreitet mit den nicht mehr gefundenen viele, viele Eichen.

- Der Kuckuck frisst, wenn verfügbar, täglich Hunderte der gefürchteten Eichenprozessionsspinnerraupen.

Eichenholz

Für hohe Ansprüche,
vom Fachwerkbau bis zur
Fußbodendiele,
Möbel,
Eichenfässer,
Tore und Türen
am Wege des Weines
zum großen Eichentisch der
Wirtshausstube,
an dem getafelt und genossen wird.

- Alte Eichen können über 100 Schmetterlingsarten und mehr als 50 Käferarten, darunter den Hirschkäfer, beherbergen.

- Bei natürlicher Trocknung brauchen dicke Eichenbretter je Zentimeter Stärke ein ganzes Jahr.

- Von Gerbsäure violett gebeizte Hände zeugen von der Arbeit der Fassbinder und Tischler.

- In der Mythologie beherbergt die Eiche ganze Götter- und Geisterwelten – bei den Griechen Zeus, den Römern Jupiter, den Germanen Thor/Donar und bei den Kelten kamen die Druiden von der Eiche (Duir – keltisch Eiche) ...

- Die Eiche ist wegen ihrer Symbolkraft ein weit verbreiteter Wappenbaum und viele öffentliche Handlungen wurden unter den starkmächtigen Bäumen vollzogen. So finden sich vielerorts Friedens- und Gerichtseichen. Man setzt auch heute noch auf diese Symbolkraft. So pflanzte man zum Gedenken an den Baustopp der atomaren Wiederaufbereitungsanlage Wackersdorf eine „Widerstandseiche".

- Eichenlaub auf Urkunden, Münzen, Medaillen, Abzeichen ...

- Und – die kleine, pfiffige Frau Hullewulle im „Kleinen Städtchen Drumherum" der legendären Kinderbuchautorin Mira Lobe wohnt auch in einer alten Eiche.

Elsbeere

Sorbus torminalis

Unscheinbar das Jahr über
schmückt sie sich
mit leuchtend gelb und rotem
Herbstlaub.

Beerenkleine Äpfelchen
für Liebhaber, Genüssinnen
und viele, viele Vogelkehlen.
Ingredienzien für Saures und Süßes,
mandelschmäckige Spirituosen.

Heilbaum
alter Völker, auch der Römer –
die Sorbe.

Vielerorts selten –
kostbar
und nur wenigen bekannt.

- Mehr als „kostbar" – der „Schweizer-Birnbaum". Die Elsbeere erzielte bei Auktionen schon 14.500 Euro je Festmeter.

- Die vielen kleinen Beeren werden zu wertvollen Edelbränden gebrannt oder als Liköre angesetzt. Sie sind auch beliebte Ingredienzien in den Feinschmeckerküchen.

Elsbeerholz
Seidenholz

Das eine fachlich – das andre fühlbar,
hart, zäh, fein, exquisit;

Einst –
mechanisch schwer beanspruchtes Holz
für Weinpressen und Leiterwägen,

Klaviere und Orgelbau,
Dudelsäcke;

Lineale aller Art,
Rechenschieber.

Heute –
teuerstes Holz unserer Breiten,
auch als
„Schweizer Birnbaum"
im Handel;

Edelholz
für edle Möbel.

Erica

Das Heidekraut,
ein klitzeklein Gehölz,
doch
flächenergreifend, polsterbildend
und
mit Balkonen
kühn über Abgründe ragend,
prägt es
manch' Landschaft
zur Blütezeit.

Dann leuchten
viele, viele kleine rosa Glöckchen
über nadelspitzen Blättern.

Und
wer Glück hat,
hört zu stiller Stunde
im Säuseln
des Abendwindes
die reifen Samen
in den tausend
Glöcklein
klingeln.

Erle
Alnus

Flussbegleiterin zur Quelle
und weiter himmelwärts –
Pioniergehölz
aus der Familie der Birken.

Einziger Laubbaum
mit Zapfen, kleine schwarze Zäpfchen.

Warmtöniges Holz
für Möbel und Instrumente.

Einst
Heimat
des Erlkönigs und seiner Töchter
am düsteren Ort,
zwitschert
heute
dort fröhlich
der Erlenzeisig sein Lied.

Und
Erlkönig
heißt man heute auch
den Prototyp
eines getarnten Testfahrzeugs.
Aber
das hat wahrlich nichts gemein
mit
der guten alten Erle.

- Die Erlen haben warmes, eher weiches Holz für den Innenausbau.
- Erlenholz schirmt Erd- und Wasserstrahlungen ab.
- Ständig unter Wasser, ist das Holz der Schwarzerle äußerst dauerhaft und wurde schon für Pfahlbauten verwendet. Amsterdam und Venedig stehen zu einem erheblichen Teil auf Erlenholzpfählen.
- Erlenblätter wurden gegen müde Füße in die Schuhe gegeben.

Esche

Fraxinus excelsior

Hochgewachsen im Wald,
breitschultrig auf der Wiese,
uferschützend am Bach,
die Vielseitige.

Eine Delikatesse
die Blätter, die Knospen,
die Rinde junger Bäume
für Ziege und Wild –
vielleicht deshalb
die kürzeste Vegetationszeit aller Bäume,
vom späten Frühjahr
bis zum frühen Herbst.

- Ölbaumgewächs
- Esche ist heute noch ein geschätztes Wagnerholz für Leiterwägen, Kutschen, Schlitten, Schi, Werkbänke, Stiele ...
- Die von den Tischlern als Blumenesche (ihrer heiter verspielten Maserung wegen) bezeichneten Eschenbretter aus dem unteren Stammbereich einzelner, von Kennern gesuchter Eschen wurden für exquisite Möbel bei Hofe verwendet.
- Die vom Möbelhandel als Blumenesche bezeichnete mediterrane Manneresche hat damit nichts zu tun.
- Das vorwiegend auf kalkhaltigen Böden wachsende Eschenholz mit braunem Kernholz wird auch als Olivesche gehandelt.
- Heute werden aus Eschenholz vor allem freundlich helle Möbel und Sportgeräte gemacht.
- In der isländischen Liedersammlung Edda wird vom Weltenbaum Yggdrasil berichtet. Anders als Eva aus einer Rippe von Adam, entstammte der Mann Askr aus einer Esche, der Esche Yggdrasil.
- Die Esche war auch der Baum des nordischen Göttervaters Odin (Wodan).
- Eschensamen haben mindestens zwei Winter und bis zu sechs Jahre Keimruhe.
- In der Naturheilkunde ist die Esche bis heute ein Medizinbaum.

Eschenholz

Elastizität und Härte
seine Stärke.
Makellos seine Schönheit,
die helle und die braune,
man staune.

Amors
legendäre Liebespfeile –
Eschenholz.

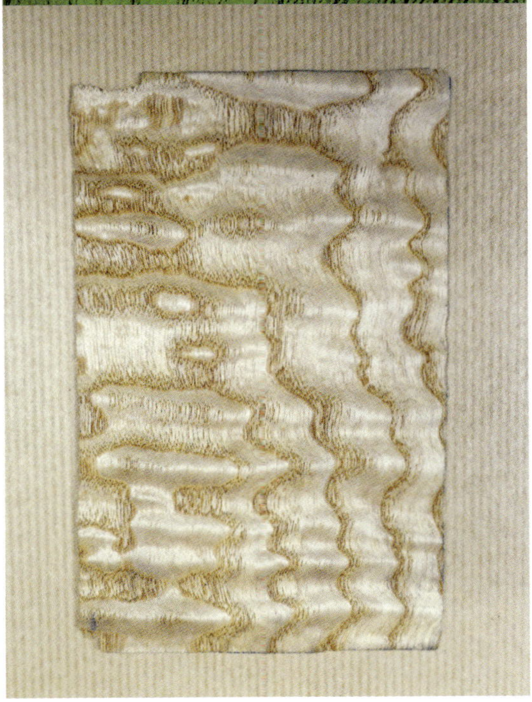

Faulbaum
Rhamnus frangula

Ob
als kleiner Baum oder als Strauch,
ist er wohl nicht glücklich über diesen
Namen.

Kleine Kugelfrüchte
reifen
grün, rot, schwarz-violett
zur gleichen Zeit.

Seiner Blätter wegen,
ist er Stammwirt
der Zitronenfalter
und
unter gelblichem Splint
ist sein Kernholz
wohl das röteste bei uns.

Bekannt aber
ist der Baum für seine einstige Nutzung –
die grauschwarze Ringelborke als
Abführmittel,
die Asche des Holzes,
zur Herstellung von
Schwarzpulver.
Deshalb
landauf – landab:
der
Pulverbaum.

Felsenbirne
Amelanchier

Weißblütiger
Busch
– im Gebirge, der Edelweißstrauch –
auf Steinhalden und Felsgemäuern,
meist schwer erreichbar,
wohl auch
zum Schutz
vor Blumenvasenüberfüllern.

Winzig kleine Birnen,
saftig süß mit Marzipanaroma
sind im Ausseh'n eher Äpfeln gleich.

Es heißt, man soll Äpfel nicht mit Birnen vergleichen. Es ist daher merkwürdig, dass, obwohl der aus dem keltisch-gallischen Wortschatz stammende Name *Alemanche* Äpfelchen bedeutet und der Strauch zu den apfelfrüchtigen Kernobstgewächsen gehört, daraus namentlich eine Birne wurde.

Fichte

Picea abies

Oft und von vielen
geringgeschätzt,
zu Unrecht –
Massenware aus Monokultur
auf engstem Raum.
Ein Schicksal
wie viele „Nutz"-Tiere.

Doch
der Baumfreund
weiß die Fichte hoch zu schätzen,
die schlichte Fichte.

Wahre
Prachtbäume
erheben sich
auf angestammtem Boden.

Wetterfichten –
urig, zerzaust,
Zuflucht
fürs Weidevieh,
lassen uns regelrecht
erschauern.

Doch
auch als Bonsai
krallt sich die Fichte
in Spalten und Ritzen unwegbarer
Mauern,
um dort
ein Baumleben lang
zu überdauern.

- Kieferngewächs
- Die Fichte schätzt die Symbiose mit dem Fliegenpilz, aber auch mit dem Eierschwammerl und dem Steinpilz.
- Die riesigen, alten, oft zerzausten Wetterfichten, unter denen das Weidevieh Zuflucht sucht, zählen im Alpenraum zu den imposantesten Bäumen. Man könnte Bücher füllen mit Bildern dieser urigen, oft landschaftsprägenden Bäume.
- In alten, naturnahen Wäldern vermehren sich die Fichten oft auf dicken morschen Stämmen (Kadaververjüngung). Diese Bäume bilden oft hohe, einzigartige Stelzwurzeln aus, um möglichst bald den Waldboden zu erreichen.
- Die harten, harzigen Äste großer Fichten wurden als langlebige Zaunpflöcke verwendet. Frische, dünne Fichtenäste wurden über Feuer zu Wieden zum Befestigen von Zaunstangen gedreht. Fichtenäste wurden auch als Holzleitersprossen eingesetzt.
- Für den Instrumentenbau die wohlklingende Haselfichte, Kulturerbe – Klangholz. Von Stradivari bis heute unübertroffen – vom Geigenbau bis zu den Klavieren.
- Haselfichten wachsen in höheren Lagen. Vertikale Längsrisse in der Fichtenborke und millimetertiefe Längsrillen im Holz unter der Rinde sowie fein gezahnte Jahresringe der Baumscheibe weisen auf eine Verhaselung hin.

Ginster
Genista

Willkommen,
sonnengelber Ginster!
Ohne
deine Leuchtkraft
wär' manch' Landschaft
düster, finster –
wären
mangels Farbstoff
viele Ballen Leinen, viele Stränge Wolle
weder
gelb noch braun noch grün –
blieben
ohne den verholzten Stängel
einst
am Land
gar viele Höfe, viele Katen
mangels Besen
ungefegt.

Ohne
Heide-, Färber-, Besenginster.

- In Europa wachsen mehr als 50 Arten Ginster.
- Der Besenginster gehört zur Gattung Geißklee und wird nur des Aussehens wegen Ginster genannt.

Goldregen, Gemeiner Alpen-Goldregen

Laburnum anagyroides – Laburnum alpinum

Anders
als der
Gold- oder Geldregen
für einige wenige,
schmückst
du
mit
sonnengelbem Blütengold
Berg und Täler
für
jedermensch.

Dafür dankt
Österreich
mit einer
schönen Briefmarke.

- Ein Goldregenstrauch, manchmal auch ein kleinerer Baum, kann mehrere hundert Jahre alt werden.

- Das sehr harte Holz wird nach dem Aufschneiden durch den Luftsauerstoff im Kernholzbereich ebenholzähnlich schwarzbraun und im Splint gelb.

- Die Blätter wurden in Notzeiten statt Tabak geraucht und werden heute noch zur Raucherentwöhnung beigesetzt.

Hainbuche

Carpinus petulus

Wächterin der Waldränder,
Windbrecherin,
fest verwurzelt,
geschmeidig, hart und zäh
mit glattem Holz und silbergrauer Borke

wohl deshalb
– namentlich –
als Birke eine Buche.

Tiefe Astansätze
laden ein
zum ersten Klettern –
Werner, Thomas ...

- Das Holz ist zäher und härter als das der Rotbuche. Es wurde früher auch für hölzerne Schraubzwingen genommen, die für kleinere Werkstücke besonders handlich waren.
- Heute findet es häufig Verwendung für die Klaviermechanik und alle möglichen Stiele.
- Hainbuchenhecken sind beliebte lebende Zäune.

Hainbuchenholz

Des blassen Holzbildes wegen,
wohl nicht die erste Wahl für Möbel.
Doch
einst wie heute
ein begehrtes Holz
für gute Holzwerkzeuge.
Hart und zäh,
knochenglatt und hautfreundlich.
Sehr, sehr angenehm –
ähnlich dem Haselholz,
doch
widerstandsfähiger.

Hartriegel

Cornus sanguinea

Glänzend glatt
die Rinde junger Triebe dieses Strauchs,
ob Bitterkeit und Härte
braucht er keine Dornen.

Reich an Öl
für Speisen wie für Lampen
die prallen, schwarzen Beeren.

Einst
Querriegel
an Eingangstüren
– tief eingeschoben in dickes Gemäuer –
namensgebend.

Aber
auch Schusterholz genannt,
der zähharten
Schuhsohlen-Holznägel
wegen.

- Die Früchte des Roten Hartriegel haben mit 40 bis 45 % den höchsten Ölgehalt der heimischen Baum- und Strauchfrüchte.

Hasel

Corylus avellana

Gelbe Würstel im Frühjahr,
grün die Blätter im Sommer
und braun
die Haselnüsse im Herbst.

Gerade Stecken zum Wandern,
zum Spannen des Bogens
und zum Hüten der Kühe.

Auch wachsen dünne Ruten für Pfeile
und gekrümmte Stäbe für Stiele –
recht viele.

Abenteuerspielplatz.

- Birkengewächs
- 7.000 Jahre vor Christus bedeckten riesige Haselwälder Mitteleuropa. Man bezeichnet diese Epoche in der Waldgeschichte die *Haselzeit.*
- Die wichtigste Sammelfrucht der Steinzeitmenschen war die Haselnuss.
- Lange Zeit war die Hasel weit verbreitet als Friedenssymbol. So haben die Unterhändler im alten Rom als Zeichen für Friedensgespräche einen Haselzweig bei sich getragen.
- Das Holz der Hasel ist leicht, hautfreundlich und sehr glatt. Damit man diese Glätte für Heugabel- und Schaufelstiele beim Entrinden nicht beschädigt, wurden Rinde und Bast vorsichtig mit Glasscherben abgeschabt. So hat man in der Zeit vor den Arbeitshandschuhen die Blasen- und die Schwielenbildung hintangehalten. Schon nach kurzem Gebrauch haben dann diese Stiele geglänzt, als wären sie poliert.

Heckenkirsche

Lonicera xylosteum, caerulea, nigra und alpigena

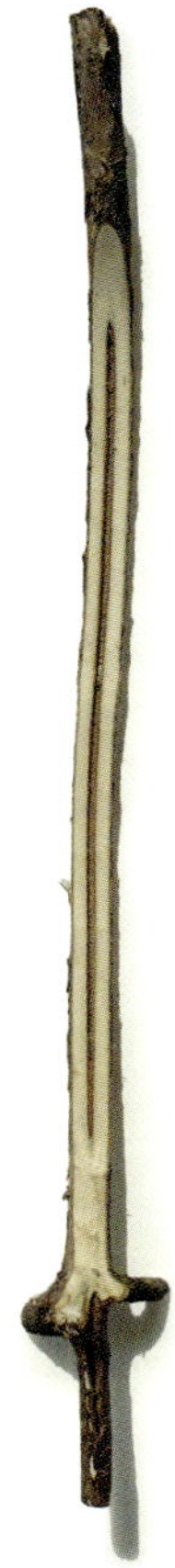

Filigran
das Grün der zarten Blätter, die wenigen
weißen Blüten,
die dünnen Ästchen und die Stängel
von paarweisen,
glasig leuchtenden
roten, blauen oder schwarzen
Beerenpaaren,
die sich Wange an Wange
aneinanderschmiegen,
ja, sogar als
Doppelbeeren
ineinander
wachsen.

Skurril und paradox
zu den oft trockenen Standorten
ist das glatte, harte Gehölz
hohl,
wie die Knochen
langbeiniger Wasservögel.

Heidelbeere

Vaccinium myrtillus

Auf Heiden
wie unter hohen Blätterdächern
alter Wälder
breiten sich
auf auserkor'nen Plätzen
Unterholzwälder
ganz besondrer Art,
das bodenbedeckende Zwerggestrüpp
der Heidelbeere.

Kein Mensch kann sehn,
ob drunter wirklich Zwerglein wohnen.
Doch
macht die Kreuzotter
dort Jagd auf Mäuse.

Wahre Wundheiler,
die köstlichen, mit Blaureif patinierten
Beeren,
welche
die roten Münder
der Naschkatzen blau verfärben,
weswegen sie auch
Blaubeeren
genannt werden.

Himbeere

Rubus idaeus

Der duftlos
weiß blühende Strauch
lockt
mit den umso mehr und feiner
duftenden
reifen, roten Beeren
Braunbären
im Umkreis von 30 km
als Erntehelfer.

Dass mehr als fünfzig
Kleinschmetterlingsraupen
die feinschmäckigen Beeren
bevölkern,
wird den Bären
wohl nichts machen –
wir aber
haben damit weniger Freude.

- Überwachsene Himbeerwurzeln können, wie auch die Espe (Zitterpappel), 100 Jahre im Schlummerschlaf verweilen und bei guten Lichtverhältnissen gespensterartig wieder austreiben. Wie aus dem Nichts ist dann eine Kahlschlagfläche voll mit Himbeeren.
- Der Duft eines reifen Himbeerschlags kann Braunbären auf 30 km anlocken.

Holunder
Sambucus

Holunderstrauch, Hollerbaum –
nach
Standort, Form und Alter.

Blüte und Frucht –
wertvoll, köstliche
Lebens-, Heil- und Genussmittel,
Hippokrates, Plinius, Theophrastus ...
berichten uns.

Von Mythen umwoben,
Freya,
Göttin des Lichtes, der Fruchtbarkeit,
der Behausungen,
wohnt mit ihrem Gesinde
– Elfen, Wichteln und den guten Feen –
im Hollerbusch,
Tier und Mensch
beschützend.

Es zieht der Bauer
– anders als Wilhelm Tell vor dem Hut
des Landvogts –
seinen Hut
unter dem Holunder.

Ein Segen
der schwarze und der rote Holler,
doch Hände weg
vom Zwergholunder.

- Eine wahre Hausapotheke

- Aus den im Alter oft hohlen, dünneren Holunderstämmen wurden von Urvölkern schon Flöten hergestellt. Heute werden bei uns daraus gerne Didgeridoos nachgebaut.

- Aus dem besonders glatten Holz wurden Reibbretter für feine Verputze gemacht.

- Solange der Schwarze Holunder blüht, bleibt das Wetter unbeständig.

- Die Verwechslung des Schwarzen Holunders mit dem Zwergholunder führt immer wieder zu schweren Vergiftungen!

Holzapfelbaum

Malus sylvestris

Bindeglied
Wildrose – Kulturapfel

Kleine rundliche Blätter – glatte Unterseite,
kleine, bittersaure, harte Früchte
auf verdornten Ästen
wilder Sträucher oder Bäume.

Für
Germanen, Griechen, Römer, Kelten
und die Christenheit
von mythischer Bedeutung –
Adam und Eva,
Aphrodite, Dionysos, Bacchus.
Avalon,
das Apfelland.

Doch,
was einst hochgeschätzt und heilig,
wurde
vom Reichsapfel zum Zankapfel.

Welch Unrecht
für den
guten, alten Apfel!

- Um ihn ranken sich viele „Geschichten".
- Schneewittchen hat einen vergifteten Apfel mit Hilfe der sieben Zwerge wieder ausgespien.
- „Schüttle mich, schüttle mich", rief der Apfelbaum bei Frau Holle.
- Wilhelm Tell wurde mit dem „Apfelschuss" zum Schweizer Nationalhelden.
- Ein Jahrhunderte gepflegtes Geheimritual – will eine Frau einen Mann für sich gewinnen, legt sie sich über Nacht einen Apfel auf den Venushügel oder zwischen die Brüste und reicht ihn am nächsten Tag ihrem Erwählten.
- Die wohl berühmteste Metropole der Welt wird liebevoll „Big Apple" genannt.
- Dem biblischen Adam ist der paradiesische Apfelbissen im Hals stecken geblieben, worauf sich der Adamsapfel gebildet hat und – aus dem weggeschmissenen, angebissenen Apfel wurde das wohl berühmteste Logo der Welt.

Holzbirnbaum
Wildbirne
Pyrus pyraster

Einmal Baum – einmal Strauch,
verdornte Astspitzen.

Überreif,
wird die kleine, braune Kugelbirne
– im Gegensatz zum Holzapfel –
schmackhaft.

Gelb bis rot
verfärben sich die Birnbaumblätter –
klein, rundlich-spitz und glänzend glatt.

Sein Schicksal
gleicht dem des Holzapfels –
durch Anflug und Pflanzung
höherer Bäume
wie Rodung
von Waldrändern
schwinden sie beide
aus Landschaft und Gedächtnis.

Johannisbeere

Ribes

Gar lieblich zu ihren Gästen
kommt der kleine schutzlose Strauch
trotz
seiner leuchtend roten oder glänzend
dunklen
Früchte,
ganz ohne Dornen aus.

Doch
ist mitunter
der erquickend säuerliche Saft der
Trauben
des Guten
allzu viel.

Kastanienbaum

Aesculus / Castanea

Danke, lieber Kastanienbaum,
ruft der kleine Felix,
glücklich
ob der glänzend braunen Früchte.

Bastelstunde, Wildfütterung
oder Maroniöferl –
ganz nach Art
und
nach Belieben.

Freude
strahlt auf jeden Fall
und
Kinderaugen leuchten hell.

- Die Esskastanie ist ein Buchengewächs, die Rosskastanie ein Seifenbaumgewächs.
- Namensverwandtschaft infolge ihrer stacheligen Igelfrüchte mit ähnlichen Nüssen
- Einst wichtiger Brotbaum in Südeuropa – es hieß, ein Esskastanienbaum kann einen Erwachsenen ernähren und wer sieben solche besaß, galt als wohlhabend.
- In Notzeiten wurde in Mitteleuropa Kastanienmehl von Rosskastanien beigefügt.
- Der fettlösenden Gerbstoffe wegen wurden Rosskastanien zu Seife verarbeitet.
- Die Rinde diente zum Gelbfärben von Stoffen.
- Das Holz der Esskastanie hat ähnliche Eigenschaften wie das Eichenholz und wird im Süden wie solches verwendet, einschließlich für Weinfässer.
- Die glänzend klebrigen Knospen werden gerne von den Bienen zur Propolisproduktion genutzt.
- Ein bekanntes Wienerlied erzählt vom narrischen – im Herbst blühenden – Kastanienbaum bzw. greisen Liebhaber.

Kiefer

Rotföhre
Waldkiefer

Pinus sylvestris

Die Borke
dunkel, tief gefurcht
an der Basis,
aufsteigend feiner und heller
bis zum fuchsfellroten Wipfelgeäst.

Kahl bis hoch hinauf
tragen oben starke Äste
pinienförmige
Wipfelschirme.

Vielleicht
aus Sehnsucht
nach dem Süden.

Eher selten,
aber selbst geseh'n,
leuchten im Verfall
phosphoreszierende Wurzelstöcke
wie
„Riesenleuchtkäfer".

▶ Eine besondere Unterart der Bergkiefer in Westösterreich, der Schweiz und im Süden Deutschlands ist die Spirke, eine aufrechte Form der Legföhre – meist ein kleinerer Baum auf sehr kargem Boden. Auf Mooren konnte sich eine zusätzliche Rarität, die Moorspirke, welche im angrenzenden Waldstreifen auch zu stattlichen Bäumen heranwachsen kann, entwickeln.

- Die Borke der Rotföhre ist im unteren Stammbereich graubraun, dick und tief gefurcht. Gegen den oft pinienähnlich abgeflachten Wipfel zu ist sie oft fuchsfellrot, glatt und sehr, sehr fein, feiner als feinstes Seidenpapier.

- Die Rotföhre wird vor allem in der Forstwirtschaft als Weißkiefer bezeichnet. Besser ist sie als Waldkiefer bekannt.

- Die bekannten Schnitzereien aus dem Grödnertal werden überwiegend aus Zirbenholz gefertigt.

- Die Russbrenner stellten vor allem aus den besonders harzhältigen Teilen der Kiefern den Grundstoff für schwarze Tinte, Schuhcreme und Druckerschwärze her.

- Von der Steinzeit bis ins 19. Jahrhundert hinein wurden von besonders harzreichen Hölzern Kienspäne für die Beleuchtung der Wohnstätten gespalten. Funde abgebrannter Kienreste und einfache, fantasievoll gestaltete Kienhalter zeugen davon.

- Aus frischen Kiefernnadeln wurde nach stundenlangem Kochen Waldwolle für Pölster hergestellt.

- Aus der Legföhre wird heute noch Latschenkiefernöl für besondere Duftnoten und gesunden Schlaf gewonnen.
- Der magische Bernstein besteht aus dem Harz der vor 50 Millionen Jahren gewachsenen Vorfahren der Kiefern.

- Adalbert Stifter, Der Hochwald: „Seht ihr, dort oben, ... steht ein Baum, es ist nur mehr der Strunk einer Föhre, die der Blitz einst zerschlug, bei Tage ist er ein missfärbiges Grau, aber in der Nacht beginnt er zu leuchten, blau und grün und weiß – stundenlang saß ich an dem Felsen und sah auf das stille nächtliche Glimmen desselben ... Clarissa!“

- Die Arve, Zirbe oder Zirbelkiefer, wie sie auch genannt wird, wächst meist auf Erhöhungen, oft auf Felsblöcken und weniger in geschützten Mulden, weil der Tannenhäher ihre Samen für seinen Wintervorrat dort versteckt, wo er sie im Winter bei hoher Schneelage leichter ausscharren kann. Jahr für Jahr legt er bis zu 20.000 Samenlager mit einem oder mehreren Kernen an und verrichtet auf diese Weise die gleiche Arbeit für die Arven, wie der Eichelhäher für die Eichen.

Schwarzkiefer

Pinus nigra

Seit Menschengedenken
der Pechbaum
unserer Breiten,
Harz
zur Wundheilung,
zum Abdichten
von Nähten und Behältnissen.
Baumteer für Schiffe.
Pechsteine, Pechmeiler, Pechhütten.
Kolophonium.
Bernstein.

Zirbe, Arve

Pinus cembra

Die Tausendjährige
Staunen Erweckende
im
kargen Gebirge.
Oft mehrwipfelig
infolge
Schneedruck und Eisbruch,
Sturm und Blitzschlag.
Hart im Nehmen –
die Überlebende.

Königin
der
Alpen.

▸ In den Westalpen wird die Zirbe Arve genannt und als Königin der Alpen geachtet.

Legföhre, Latsche

Pinus mugo

Über der Baumgrenze
nur noch
die Latsche.

Wildromantisch,
aber
undurchdringlich –
ein dichtes
Latschenfeld.

Harzig aromatisches Dufterlebnis
bei sengender
Sonne.

Habitat des Schneehuhns
und auch der Kreuzotter.

- Legföhren können im Hochgebirge überleben, weil sie Zuckermoleküle in die Nadeln einlagern, welche den Gefrierpunkt des Wassers auf -40 Grad C senken.

Kiefernholz

Bauholz wie Möbelholz.
Im Aussehen
ähnlich der Lärche.

Durch harzige Äste
– selbst zollstarker Bretter –
leuchtet
bei Dunkelheit
rot funkelnd wie ein Rubin
magisch das Licht.

Von der Schwarzkiefer
stammen sie,
die Bretter, die die Welt bedeuten.
Sie knarren nicht,
was immer auch darauf geschieht,
und Nagellöcher
verschwinden ebenso wie ganze
Bühnenbilder.

Wie sie duftet, die Zirbe,
wie verspielt, das astreiche Holz,
wie heiter die Stimmung der Stuben
und erholsam der Schlaf
in den Betten!

Kirschbaum

Prunus

Jungfräulich rein
die zarte Blütenpracht,
schneeflockenweiß.
Erster Blütenschmuck
im Laubmischwald.

Metallisch glänzendes, edles Dunkelgrau,
die Farbe
der oft verspielt gerollten Ringelborke
und
von leuchtend rot bis glänzend schwarz,
die frisch und köstlich süß-säuerlichen
Kirschen,
Verführung pur.

- Einst – Möbel für Fürsten und Königinnen
- Im Biedermeier und im Jugendstil wurde für besonders exquisites Mobiliar auch das verspielte Wurzelholz verwendet.
- Heute – gediegene Möbel zum Wohlfühlen
- Der Kernbeißer fliegt auf die mandelschmäckigen Samen der harten Kugelkerne – die Namensgeber des Finkenkönigs, der sie mit bis zu 70 kg Druck knacken kann.
- Ein großer Vogelkirschenbaum (Wildkirsche) kann bis zu einer Million Blüten tragen.
- Ein Kinderrätsel: Was ist erst weiß wie Schnee, dann grün wie Klee, rot wie Blut und es schmeckt allen Kindern gut?
- Im Volksmund und der Baumheilkunde wird das bei Verletzungen austretende Baumharz auch als Katzengold bezeichnet. Vielleicht weil Katzen junge Kirschbäume gerne als Kratzbäume verwenden und dann das goldgelbe, honigfarbene, wie Bernstein durchscheinende Baumharz austritt.
- Das auch Kirschgummi genannte Baumharz wirkt antiseptisch, antiviral, schleimlösend und hustenreizstillend. Die Römer haben es in Wein aufgelöst und als Hustenmittel getrunken.

Kirschholz

Voll
Harmonie und Wärme,
berühr es sanft – drücke es fest,
es tut gut.

Hübsch, sehr hübsch!
Ein sonnig Bild
immerwährender
Jugendlichkeit.

Kornelkirsche Dirndlstrauch

Cornus mas

Schwizerdütsch
Tierlibaum –
wohl, weil

erstes Frühstück der Bienen
aus goldgelben Blüten,
Kirschen
für
Amsel, Drossel, Fink und Star …

Abendmahl und Vitaminvorrat
für den
Winterschlaf der Siebenschläfer.

Genüsslich und heilsam
die dunkelreifen Früchte
von alters her.

Einst
Rosenkranzperlen
aus Kernen –
und deren Same
fein schmeckender Kaffeeersatz.

- Im niederösterreichischen Pielachtal, auch Dirndltal genannt, wachsen über 800 Jahre alte Buschbäume / Sträucher dieses urigen Wildobstes.

- Der Jochnagel, das ist der stark beanspruchte Bolzen im Joch eines Ochsengespanns, der Leiterwagen, Pflug oder Baumstämme mit den Tieren verband, wurde aus dem zähharten Dirndlholz gefertigt.

Kornelkirsche Dirndlholz

Beinhart
im wahrsten Sinne des Wortes.
Wagner und Drechsler
wissen das
zu schätzen,
schwer.

Lanzen, Speere, Bogenholz
der
Perser, Griechen, Römer;
Odysseus
und
Alexander der Große
fochten damit ihre Kämpfe.

Und
es ging,
wer etwas auf sich hielt,
mit Dirndlstock spazieren.

Kreuzdorn

Rhamnus

Ein stiller
Begleiter
bis in hohe Lagen,
deshalb auch
Wegedorn
sein Name.

Gekreuzt
abstehende Äste und Dornen
erschweren uns,
nach den giftigen, schwarz-violetten
Beeren zu greifen,
sie zu sammeln
– man staune –
für grüne, rote und für gelbe Farben,
darum
auch Färberdorn
genannt.

Der Urgroßvater Adalbert Stifters „legte sich einen starken Kreuzdornstock zurecht" und ging mit diesem als Landarzt die oft weiten Wege zu den Kranken. Aus „Die Mappe meines Urgroßvaters".

Kriecherl

Prunus domestica

Die wilde Pflaume –
manchmal am Strauch,
doch meist am Baume.
Da die blaue – dort die gelbe,
im Grunde
ist's dieselbe.

- Rosengewächs
- Schlehe – Wildpflaume, auch Haferschlehe vielerorts
- Grundlage für Ringlotten, Mirabellen und Zwetschken

Lärche

Larix

Oft allein
mitten im Kahlschlag,
ausgesetzt,
die Wurzeln tief
in den aufgerissenen Waldboden
gekrallt.
Dem Sturm und dem Sonnenbrand
trotzend,
verstreut sie dort ihre Samen
als Grundlage für einen neuen Wald
mit herrlichen Lärchen.

Schneeanzeigerin.
Solange die Nadeln nicht goldbraun
verfärbt,
fällt kein Schnee
und
solange die Zweige nicht wieder grünen,
fällt Schnee
auf ihrem Standort.

Und –
in manch beschaulich stiller Stunde
zeigt sie sich
im Sonnen- wie im Sternenglanz
als luftig leichte Fee
und ist von solchen rings umgeben.
In heller, lichter Anmut,
wie im heit'ren Schwebetanz
sind sie allesamt
bezaubernd schön.
Es sucht sie immer wieder,
wer sie je gesehn.

- Einst heiliger Baum der Kelten, dann der Alpenbewohner, bis sie die katholischen Priester mit Marienbildern bestückten. Oft wurden aber die verehrten Kultbäume gefällt und aus ihrem Holz auf ihrem Standort Kapellen errichtet.

- Beeindruckend die hochalpinen Lärchen-Zirbenurwälder und einzelnen Baumgruppen auf und an den schroffen Felskaren!

- Die Alpenbewohner versuchten, beim Durchzwängen zwischen Zwiesellärchen Sorgen und Krankheiten abzustreifen.

- Die Rauchfänge der offenen, *schwarzen Küchen* wurden im Alpenraum meist aus stehenden, dicken Lärchenbrettern zusammengefügt.

- Das dauerhafte Lärchenholz wurde (wird) u. a. für Wasserleitungsrohre, Tröge, Brücken, Schiffe ... verwendet.

- Lärchenäste waren begehrte Holzleitersprossen.

- Das besonders heilkräftige Lärchenharz wird auch heute sehr geschätzt.

Lärchenholz

trägt,
schützt und schmückt
unsre Behausungen rundum –
jahrhundertelang
bei holzgerechter Verarbeitung,
sägerau, splintfrei, senkrecht angebracht,
naturbelassen,
wie auch
als Blockbau.

Verwitternd
in herrlichen Farben,
von silbergrau bis dunkelstbraun,
von ockergelb bis hin zu rot
in unzähligen Nuancen,
im Sonnenlicht der hohen Berge
bis zu violett,
bildet das Holz
eine unbeschreiblich edle,
schützende
Patina.

Was für Fußböden,
Türen, Tore
und Stuben!
Selbst gegen Nässe
können sie lange bestehen,
die herrlichen Lärchenbretter.

Liguster
Ligustrum vulgare

Beinholz und Tintenbeerstrauch
weisen auf die einstige Nutzung
des laubabwerfenden oder auch
immergrünen
Strauchs
am Saum und auch im Innern
trock'ner Wälder.

Manch überraschend Farbgeheimnis
findet sich
in alten Färberbüchern
wieder.

So klein
die Blätter,
so groß
der Ligusterschwärmer –
rosa-schwarz gebändert
und
sehr, sehr schnell.

- Ölbaumgewächs
- Schuhnägelholz
- Gewusst wie, färbten die Färber mit den schwarzen Beeren rot und blau, mit der Rinde gelb.
- Der heimische Ligusterschwärmer erreicht Spannweiten von 12 cm und Geschwindigkeiten von mehr als 50 km/h.

Linde

Tilia

Der Sammelplatz
auf den knorrigen Wurzeln
rund um den dicken Stamm
lädt ein,
unter dem schützenden Blätterdach
an- und innezuhalten.

Sagenumwobene Erzählungen –
singen und musizieren,
rasten – verweilen
nirgends so schön.

Märchenbaum
mit Feen und Kobolden
im Astwerk.

Teebaum
voll duftender Blüten –
um gesund zu werden,
gesund zu bleiben.

- Von den Linden heißt es: Sie kommen 300 Jahre, stehen 300 Jahre und vergehen 300 Jahre.

- Die Linde war schon bei den alten Völkern ein sehr geschätzter Baum – zahlreiche Namen von Plätzen, Straßen und Orten zeugen davon. Sie ist der einzige Baum, von dem auch ein deutschsprachiger Vorname abgeleitet wurde – Linda. Davon abgeleitet kennen wir die Gerlinde, Rosalinde, Sieglinde ...

- Es wird von Tanzlinden berichtet, mit einem Tanzboden auf der untersten Astreihe und einem zu ebener Erde.

- Der beliebte Dorfbaum wurde besungen und bedichtet. Zu den bekanntesten Autoren zählen Walther von der Vogelweide, Friedrich Silcher und Franz Schubert.

- Die Germanen haben die Linde Freya geweiht, sie stand auch für Fruchtbarkeit und Liebe. So wurden am Frey(a)tag Hochzeiten gefeiert.

- Aphrodite bei den Griechen und Libussa (Liba – Linde) bei den Slawen wurden zusammen mit der Linde, dem Baum der Liebe, verehrt.

Lindenholz

Sanft wie sein Name,
so schmiegsam, gediegen die Möbel –
nach Honig duftend
und antiseptisch –
einst Brotladenholz
zur Vermeidung des Schimmels.

Rundum zum Wohlfühlen –
doch ungut der Schleifstaub
in Nase und Lunge
für Bildhauer und Tischler.

Skulpturenholz

einst,
das „Lignum Sacrum" – das „Heilige
Holz"
für gotische und barocke Heiligenfiguren,
dazu der lutherische Prediger
Hieronymus Bosch:
„Aus dem Holz macht man die
geschnitzten Bilder,
die man in den Kirchen anstatt der
Heiligen verehrt" –
einerseits,

aber auch
für ganz Profanes
bis hin zu frivolen Exzessen,

und Praktisches
von den Holzköpfen der Hutmacher und
Perückenknüpfer
bis zu den Leisten der Schuster,
vom Kochlöffel bis zum Nudelbrett,
als Instrumentenholz.

- Der renommierte Fachbuchverlag Freya hat, wie es im Namen geschrieben steht, eine prächtige Linde als Logo.

- Rindenbast wurde von den Steinzeitmenschen bis zu den Germanen und Kelten für Kleidung, Schuhe und Schnüre verwendet. Die Wikinger drehten den Bast zu Seilen und befestigten damit die Segel ihrer legendären Schiffe.

- Aus dem antiseptischen Lindenholz wird, extrafein geschliffen und unbehandelt nach Honig duftend, das gesunde Kinderzimmer von der Wiege übers Bett bis zum Schreibtisch getischlert.

- Der Arzt und Urgroßvater von Adalbert Stifter ließ sich einen Schrein aus Lindenholz für seine Arzneien und Kräuter tischlern.

- Die größeren Buchstaben wurden und werden in den alten Druckereien nicht in Blei gegossen, sondern meist in Lindenholz geschnitten und bis in die 1980er Jahre, vereinzelt noch heute, verwendet.

- Mit in Wasser eingeweichten und dann an einem Ende filzig gehämmerten Lindenrindenpinseln habe ich in meiner Tischler-Lehrzeit noch geleimt.

TÜ+R
W

Mehlbeere

Sorbus aria

Anspruchslos.
Silberschimmernder
kräftiger Strauch an felsigen Berghängen
oder
mittelgroßer Baum
inmitten alter Mischwälder,
oft mehrstämmig, krumm oder
drehwüchsig,
selten ein längerer, gerader Stamm,
in vielen Arten und Unterarten
den Standorten gerecht.

Auf dem Weg
von der Wildrose zum Wildapfel.

Die
an dünnen, langen Stängeln
rispenförmig
in Büscheln reifenden
Miniaturäpfel von Beerengröße,
– in Hungersnöten zu Mehlersatz
vermahlen –
die Namensgeber.

- In den Zwischeneiszeiten reifte in Europa das Getreide nicht, deshalb wurden die Früchte der Mehlbeere und auch des Weißdorns getrocknet und zu Mehlersatz vermahlen.
- Einst – mechanisch genutztes Holz für härteste Beanspruchung wie Zahnräder – häufig in Mühlen, Spindeln, Naben ...
- Heute – Neuentdeckung im exquisiten Möbelbau – der härtere und lebhaftere „Apfelbaum", eine Klasse für sich!

Mehlbeerholz

Ein alter Stamm –
ein Farbenspiel auf schillernden Spiegeln.

Bizarres Kernholz,
oft grünbraun an der Basis,
aufsteigend
feurig rotbraun,
dann schwarzbraun
bei breitem Splint,
heller als Elfenbein,
aber
beinahe ebenso hart

und
erfüllt mit dem frischen Duft
des Waldapfels.

Mispel
Mespilus germanica

Wild –
ein dorniger Strauch,
kultiviert –
ein niedriger Baum.

Asperl –
nach ersten Frösten
ein spezieller
Genuss.

Heilkräftig
von alters her
– geheimnisumwoben –

William Shakespeare setzte Romeo im Garten der Capulets, der Familie seiner Juliet, unter einen Mispelbaum und ließ ihn wünschen, dass seine Liebste von der Art von Früchten sein möge, welche die Mädchen Mispeln nennen, wenn sie allein zusammen schwatzen.

Felsen-, Zwergmispel
Cotoneaster integerrimus

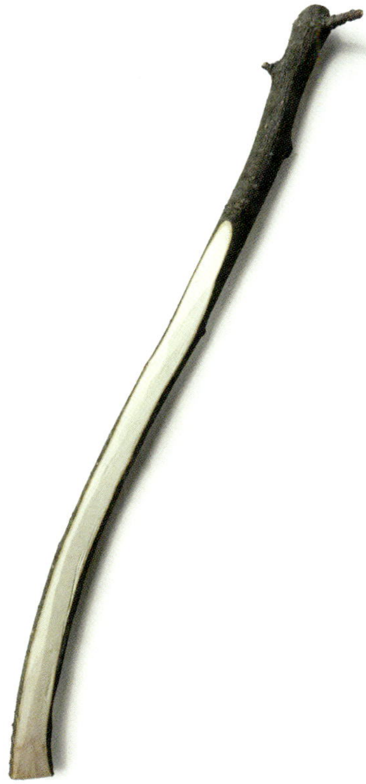

Zugewandert
von den Bergen
in die Gärten
hat sie
– wohl ihrer jugendfrischen Schönheit
wegen –
als Ziergehölz
bei uns
Platz gefunden.

Mistel

Viscum album

Immergrüner
Strauch auf Sträuchern
und auf Bäumen.

Noch manch Geheimnis bergende
Heilpflanze.

Plinius berichtet –
Druiden in weißen Gewändern
schnitten
die heiligen Misteln
mit goldenen Sicheln.

Miraculix
braute daraus den Zaubertrank
der Gallier
vor den siegreichen Kämpfen gegen
die Römer.

Einst hochgeschätzt,
dann
denunziert vom Klerus –
Druidenfuß, Hexenbesen, Kreuzkraut,
Bocksbutter –
des schlüpfrigen Elixiers
der magisch schimmernden
kleinen Früchte wegen
– den Perlen der Bäume –

steht sie heute
im Zentrum medizinischer Forschung
für
unser aller
Gesundheit.

Man unterscheidet Eichenmisteln mit gelben, Laubholzmisteln (Ausnahme Eiche) mit weißen und Nadelholzmisteln mit grünlichen Beeren.

Nussbaum, Welschnuss
Echte Walnuss

Juglans regia

Auf
tief ins Erdreich
– als Pfahlwurzel –
hinabgeführtem Stamm
– mit weißgrauer Borke –
trohnt
majestätisch
die herrlich lichte Krone
und
verteilt
die kostbaren Nüsse
an das bunte Volk
der Nussknacker.

Nüsse sammeln
– grüne Schale – braune Finger –
und sie knacken,
eine Freude.

Nusstorten, Liköre
aus Zeus' und Jupiters
„Eicheln".
Elixiere
aus Blättern und Nüssen
in
Naturheilkunde und moderner Medizin!

Von Insekten gemieden,
lässt sich unter dem herrlichen
Blätterdach
mit sphärisch edelherbem Duft
auch recht gut schlafen.

Doch,
wenn Wind aufkommt
zur Reifezeit,
kannst du im allerschönsten Traume
eine Beule
ernten.

- Man schneidet Äste im August, um langen Saftfluss zu vermeiden.

- Seiner wertvollen Nüsse wegen wurde der Nussbaum von alters her verehrt und die Völker feierten zahlreiche Fruchtbarkeitsrituale, die von christlichen Missionaren bekämpft wurden. Da sie die phallischen Kulte um den „Waldteufelbaum", wie sie den guten, alten Nussbaum schimpften, nicht ausrotten konnten, wurde der wertvolle Brotbaum umgedeutet. So wurden vom heiligen Nikolaus die braven Kinder mit Nüssen belohnt und mit dem Nussöl das „Ewige Licht" befeuert.

- Gute „Nussjahre" gelten auch als gute „Weinjahre".

Nussholz

Jahrhundertelang
das Holz bei Hofe,
vom Schuhschemel bis zum Königsthron.

Dunkelbrauner Kern
mit rötlichen bis violett schimmernden
Farbtönen
und hellerem Splint.
Ein meist lebhaft,
aber weich gezeichneter Flader
betont die angenehme Stimmung
des fühlbar warmen Holzes.

Die alten Tischler
wussten es zu nutzen,
sie ließen Bäume
ausgraben statt umschneiden –
des verspielten Maserholzes wegen,
aus dem
Tag- und Nachtbereich
der Stämme.

Kunstvolle Nussholz-Nussknacker,
fantasievoll geschnitzt,
oft auch bemalt
wie Puppenbühnenfiguren,
inspirierten seit jeher
Komponisten und Dichter.
Tschaikowski,
Hoffmann und Hoffmann – Heinrich
und E.T.A.

Heinrich Hoffmann schrieb „König Nussknacker und der arme Reinhold". Der bekanntere E.T.A. heißt eigentlich Ernst Theodor Wilhelm und hat das A für Amadeus frei nach Mozart in seinen Namen geschrieben – von ihm stammt die Erzählung „Nussknacker und Mausekönig". Pjotr Iljitsch Tschaikowski komponierte das Ballett „Der Nussknacker".

Obstbaum

Wie kein andrer Baum
dem Menschen eng verbunden,
schenkt er Früchte
Jahr für Jahr.

Unzählig
die Veredlungsschritte
– mit dem Bauern Hand in Hand –
für
Gesundheit, Vielfalt und Genuss.

Doch oftmals,
bleiben Dankbarkeit
wir schuldig.

Pappel
Populus

Stämmiger Bruder
der Weide,
großmächtiger Horstbaum
im Auwald,
mal silber,
mal grau oder schwarz.

Zittern
kennt sie nicht, die Pappel –
es ist
ihr flinkes Fächeln der Blätter,
das die Namensgeber
dafür hielten.

- Das Fächeln der Blätter fördert die Fotosynthese und kühlt bei Hitze.
- Mit dem flauschigen Pappelflaum an den frühjährlichen Samen wurden einst Kissen befüllt.
- Die niederländischen Klompen und unsere Trittlinge werden aus Pappelholz gemacht.
- Dachschindeln aus Espenholz (Zitterpappel) sind zwar aufwendiger herzustellen, übertreffen aber Nadelholzschindeln an Qualität und Lebensdauer bei weitem.
- Espenwurzeln können so wie Himbeerwurzeln auch 100 Jahre im Schlummerschlaf verweilen und bei guten Lichtverhältnissen gespensterartig wieder austreiben.
- Die Römer schnitzten ihre Schilde aus Pappelholz – sie waren leicht zu tragen, aber schwer zu durchschlagen.

Pappeltrift und Pappelbögen sakral – Alois Lindenbauer

Pappelholz

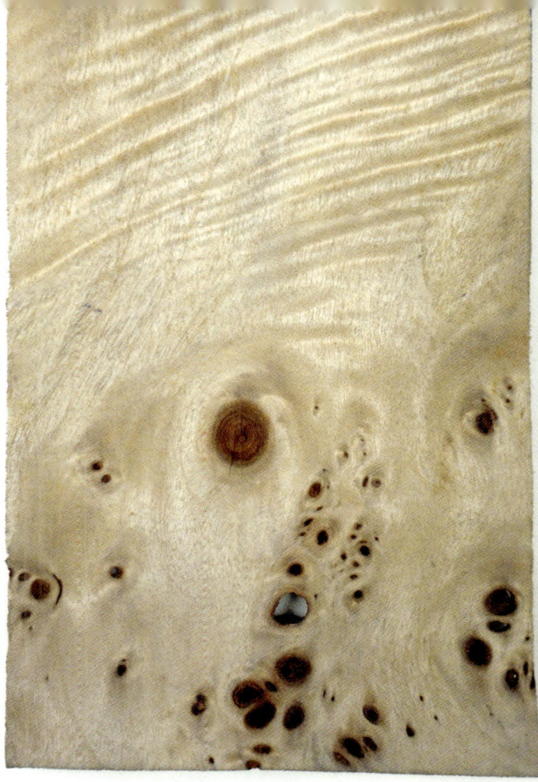

Samtfilzig warm
die sägerauen Bretter,
wohliges Saunaholz.

Waldkantenmöbel,
kreativ – lebhaft – dekorativ.

Fein für den Instrumentenbau,
strapazierfähig für Sportgeräte
zugleich.

Nahezu unbezwingbares Torholz
für Burgen und Kathedralen,
früher.

Maluntergrundholz
Alter Meister.
Geheimnisträger
des Lächelns
von
Mona Lisa.

- Herkules trug einen Pappellaubkranz, als er den Höllenhund Kerberos besiegte.

- Hermes hat die Pappel als Quellbaum am Eingang in die Unterwelt genannt, sie stand – wie auch die Weide – für Tod und Wiedergeburt.

Pfaffenkapperl

Euonymus europaeus

Getauft
nach dem Birett der Pfaffen.

Purpurrosa
viergeteilte Käppchen
auf orangen Samen
leuchten spät im Herbst
von weitem so,
als würden sie erblühen –
schmuck und schön,
anziehend und abweisend
wie das vierkantige Geäst
mit weißgrauer Rinde.

Bis zu vier Jahre
Keimruhe
gönnen sich die Samen,
derentwegen
das edle Kleingehölz
auch
Rotkehlchenbrot
genannt wird.
Wie lieblich dieser Name.

- Aus dem glatten, harten Holz fertigte man Spindeln und Stricknadeln, aus der Asche Schwarzpulver. Zeichenkohle wird heute noch daraus gewonnen.
- Der Spindelstrauch bzw. das Pfaffenhütchen, wie er auch bezeichnet wird, wurde plantagenmäßig zur Herstellung von Guttapercha angebaut. Der gummiartige Saft in der Wurzelrinde der Sträucher lieferte, wie auch der malaiische Guttaperchabaum, die Grundlage der Isoliermäntel von Kabeln.
- Das erste Seekabel von Irland nach Neufundland für die Telefonleitung nach Amerika wurde mit Guttapercha isoliert.
- Während Guttapercha in der Elektroindustrie vom PVC abgelöst wurde, wird es in der Medizin noch eingesetzt.

Preiselbeere
Vaccinium vitis-idaea

Immergrüner Zwergstrauch,
glänzend rote Früchte,
grüne Blätter
– oft rotgerandet –
und
von feinstem Weiß die glockigen Blüten,
voll Anmut und Frische
im Habitat
der Birkhühner.

Frostempfindlich,
doch
eingehüllt in eine schützende
Schneedecke,
gedeiht
die Preiselbeere
selbst in Grönland.

Robinie

Robinia pseudoacacia

Eingereist
in feiner Gesellschaft
mit der Eisenbahn,

vielleicht im legendären
„Orient-Express",

hat sie Bahndämme
und karge Halden
erfolgreich
bewaldet.

Aber
hier gewesen
ist dieser Baum
schon vor der Eiszeit.

Imkerbaum – Bienenweide,
schneeweiße Blütenpracht,
Akazienhonig.

Das Erfolgsrezept dieser landauf – landab Akazie genannten Robinie:

- Es genügen ihr trockene, karge Böden und die Samen haben eine unglaubliche Keimruhe von bis zu 12 Jahren.

- Robinienholz ist dauerhaft witterungsbeständig, wenn es vor der Verwendung getrocknet wurde.

Robinienholz

Hart und zäh
trotzt es
dem Wetter dauerhaft.
Imprägnierungsfrei.

Gartenmöbel, Spielplatzgeräte,
Werkbankplatten,
historisch – krumme Leitungsmaste,
zeitgemäße Lawinenschutzverbaue.

Umweltfreundlich – umweltgerecht.

Rose
Wildrose
Rosaceae

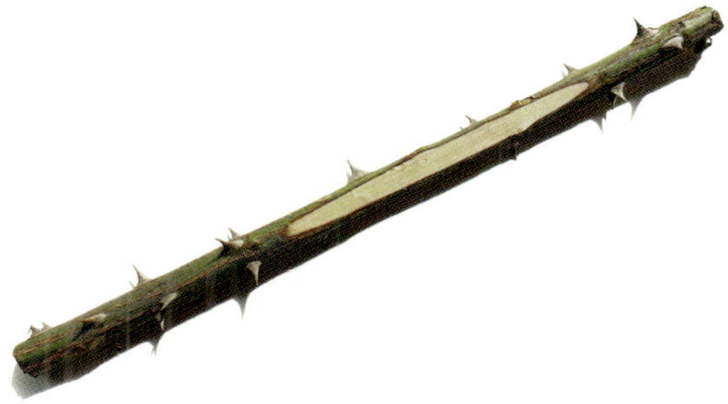

Besungen
wie kein zweiter Strauch
ob
ihrer Schönheit, Zartheit,
ihres Duftes
und –
der spitzen „Dornen“.

Wer kennt sie nicht,
die Lieder und die Reime
großer Liebe.
Ich füg noch eins hinzu
für
Evelyn.

Bloß,
das Männlein, das im Walde steht,
hat sich verlaufen,
denn am schönsten
blühn die Röslein draußen.

- Mitteleuropa beherbergt rund 25 Arten, die oft nur schwer auseinanderzuhalten sind, zumal sie sich nach Belieben miteinander kreuzen.
- Für Goethe waren sie daher liederlich. Wie mag er sich diesbezüglich wohl selbst gesehen haben, der gestrenge Herr?
- Rosen haben keine Dornen, sondern Stacheln, die sich aus der glatten äußeren Rinde bilden.
- Im Unterschied der kahlen Galläpfel zu anderen Gehölzen sind Rosengalläpfel eine wohlig gold-orange-braunrotfilzige Zierde für die Rosensträucher.

Sadebaum

Juniperus sabina

Man
kennt dich kaum.

Morgenlandfahrer,
Segler
in die Neue Welt
haben exotische
Zypressen und Zedern
gebracht,
dich
in die hinterste Reihe
verdrängt,
wo du jetzt
in aller Stille
als Baum oder Strauch
ein nahezu unerkanntes
Leben führst.

- Wenn man nur auf die optisch ähnlichen Früchte schaut, kann der giftige Sadebaum leicht mit dem Gemeinen Wacholder verwechselt werden. Die Nadeln sind denen von Zedern und Zypressen zum Verwechseln ähnlich.

- Unterscheidungsmerkmale: Die Nadeln des Gemeinen Wacholder sind spitz, sie stechen und sie riechen beim Zerreiben angenehm aromatisch. Die Nadeln des Sadebaums sind stumpf und sie haben beim Zerreiben einen üblen Geruch.

Sanddorn

Hippophae rhamnoides

Wohlgeformte, schlanke Blätter –
silbersalbeigrün,
Blickfang sandbänkiger Ufer.
Schillernd schönes Gehölz
mit leuchtend orangen Früchten.

Doch unnahbar beinah'
– gleich einer scheuen Nixe –
ob der sich schützend
verdornten Astspitzen.

So reich seine Früchte,
so anziehend schön sein Äußeres,
so erstaunlich sein Inneres,
das Holz,
eigelber Splint und
kaffeebraunes Kernholz
mit malerisch geformten Jahresringen.

- Weit verbreitetes, früchtetragendes Pioniergehölz nach der letzten Eiszeit vor 13.000 Jahren

- Die Beeren sind besonders reich an Vitaminen und können sogar das Vitamin B12 enthalten, welches ansonsten in Pflanzen nur in Spuren zu finden ist.

- Das schmucke Ölbaumgewächs trägt nur Früchte, wenn weibliche und männliche Sträucher / Bäume einander nahestehen.

Schlehdorn

Prunus spinosa

Schwarzrindiger Strauch,
rechtwinkelig abstehendes Geäst
voll verdornter Kurztriebe.
Schneeweiße Blüten und blauschwarze
Früchte.
Speisekammer
vieler Vögel, Insekten und Wildtiere.

Vergessen
die Dornentinte aus schwarzer Rinde
wie der Tabakersatz aus Blättern,
doch
hochgeschätzt,
die Äste
in den Gradieranlagen
zur Aufbereitung der Sole
historischer Heilbäder.

Bittersaure Kugelfrüchte,
nach einigen Frostnächten genießbar,
werden zu wertvollen
Ingredienzien
für Naturküche und Naturheilkunde.

Zum Schutz vor Hexen
wird er
– mangels solcher –
schon lange nicht mehr angepflanzt,
der legendenumwobene,
stechend starke Hüter.

Schneeball, Gemeiner
Viburnum opulus

Ein Kranz
strahlend weißer Blüten
umrandet
kleine, ockergelbe –
fein und schön.

Büschel
glänzend roter Beeren
bei uns giftig –
doch
nach ersten Frösten
– weiter östlich –
als erquickendes Sommergetränk
genossen.

Schneeball, Wolliger

Viburnum lantana

Markant gekerbt,
unterseits graufilzig,
die Blätter.

Auf weißen Blütenschirmen
reifen
rot die schwarzen Früchte.

Das Holz
nutzt man heute noch für Pfeile.
Ötzi
hatte vierzehn Stück im Köcher
bei
seiner letzten
„Schneeballschlacht“.

Seidelbast

Daphne mezereum

Daphne,
– Priesterin der Mutter Erde –
erblüht
rosa, weiß und gelb.
Früchte
rot oder orange
sind wie die Blüten
prächtig,
oder edel, glänzend schwarz.

Das Blattwerk,
oft ähnlich dem des Lorbeers,
– wohl daher der Name –
ist nach Art und Standort
schlichtweg winterkahl
oder
glänzend immergrün.

Stets überraschend, unerwartet
zelebriert
sie ihre Schönheit
auf den stillsten Plätzen –
oft alleine,
dann zu zweien oder dritt,
auch mitten drin
im Wald.

Rosmarin Seidelbast

Daphne cneorum

Duftseidelbast, Heideröslein, Gamsveigerl,
Fluhröschen, Bergnägele …

Der
Lieblichkeit der Kosenamen
ist wohl nur

– Bewunderung –

hinzuzufügen.

Speierling
Sorbus domestica

Wildobstbaum –
rarer noch
als Menschen,
die ihn kennen.
Doch,
die ihn kennen,
staunen.

Das Rosengewächs
im Familienverband
der Mehlbeeren
spendet reichlich
kleine Äpfel
und
zuletzt noch
wohlig-warmtöniges
sehr, sehr schweres, hartes Holz
vom Feinsten.

- Wegen der ähnlichen Blätter, Blüten und Fruchtstände wird der Speierling häufig mit der Eberesche / Vogelbeere verwechselt, obwohl seine Früchte viel größer sind.
- Werden dem Mostobst Speierlingsfrüchte beigemischt, erhält der Most eine sehr schöne Farbe und er wird ganz klar.

Stachelbeere

Ribes uva-crispa

Vielerorts selten,
aber
unverhofft doch anzutreffen,
das urige Wildobst.

Ob wild
oder von Vögeln
aus Gärten verbreitet,
wissen nur mehr die wenigsten
zu unterscheiden.

Stechpalme

Ilex aquifolium

Schradlbaum im Alpenraum,
in English, Holly.
Hierzulande spärlich,
um Los Angeles ein ganzer Wald,
Hollywood.

Keine Dornen,
dafür Spitzen an den immergrünen
Blättern
schützen sie vor Fraß
und sichern
das Winterquartier der Zitronenfalter.

Weiße Blüten – rote Beeren,
grüne Blätter, grüne Rinde,
grünlich auch das Holz.
Daraus
Goethes Gehstock
und
der Zauberstab Potters.

- Die Stechpalme wurde jahrhundertelang zum Schutz vor dämonischen Geistern in den nordöstlichen Ecken der bäuerlichen Gärten gepflanzt. In der klein strukturierten Landwirtschaft findet man noch viele an diesen Punkten – jetzt aber in Verwendung für christliches Brauchtum.

- Die stechenden Spitzen der Blätter kommen oberhalb der Erreichbarkeit des Wildes weniger bis kaum mehr vor.

Tamariske
Ufertamariske
Rispelstrauch

Myricaria germanica

Wie erfreulich
der Anblick!

Höchst seltene Zeigerpflanze
für
gesunde Gewässer
– insbesondere –
unberührter
Flusslandschaften.

Erstsiedlerin.
Am zweiten Tag schon
sprießen ihre Samen
auf umgelagerten Schotterbänken
ungezähmter Hochwässer.

Tanne

Abies alba

Die Weißtanne.

Meine
Königin
des Waldes.
Tief verwurzelt, kerzengerade, erhaben,
von wahrlich edler Schönheit.

Staunen und Ehrfurcht
gebietend,
schweigend,
ruht sie
in ihr selbst –
und

im Innehalten –

wirst du Teil
von dieser hohen
Würde.

- Kleine Jungtannen können 100 Jahre lang und länger im Schattenschlaf unter Bäumen stehen, bis ein Platz frei wird und sie ans Licht wachsen können.

- Tannen sichern mit ihren starken, drei bis zehn Meter tiefen Wurzeln durchfeuchtete Waldböden im steilen Bergwald.

- Gesund, dicht und funktionstüchtig wurden nach 100 Jahren Betrieb aus dem Quellgebiet der Ortswasserleitung in Weyer an der Enns Wasserleitungsrohre aus Tannenholz ausgegraben.

- Tannenstämme werden heute noch als Sohlschwellen in Wildbäche eingebaut.

Querschnitt einer 100 Jahre alten Wasserleitung aus Tannenholz

Tannenholz

Die Weißtanne.
Breite Bretter – schlicht und schön –
zieren
Böden, Wände, Decken,
Bett und Bank,
Regal und Schrank.

Bekannt
als Nummer Eins
im
modernen Holzbau,
aber
weitgehend vergessen,
ihre nahezu unbegrenzte Haltbarkeit
unter Wasser.

- Ludwig van Beethoven besaß einen Tannenholzwaschtisch. Für Waschtische und Bügelläden wurden Tannenholzbretter verwendet, weil diese im Gegensatz zu Fichte, Lärche und Föhre keine Harzeinschlüsse im Holz haben.

- Aus den heidnischen Tannenzweigen, die man sich zur Wintersonnenwende zusammen mit Gaben schenkte, wurde der Weihnachtsbaum – 1521 erstmals erwähnt in Straßburg.

- Schutz, Glück und Segen bringen soll auch der Richtbaum der Zimmerer auf den Giebeln der Dachstühle.

Traubenkirsche
Prunus padus

Süßer Blütenduft
strömt von üppigen
– kerzen- oder traubenförmigen –
weißen Blütenständen,
die zu kleinen, schwarzen Beeren reifen.

Wolle
kann man damit
lila färben.

Zeigerpflanze –
wächst doch
der große Strauch, der schlanke Baum
gerne
über
Wasseradern.

Rutengeher
wissen das zu deuten.

Ulme

Ulmus glabra, Ulmus minor,
Ulmus laevis

Bergulme, Feldulme, Flatterulme,
Urkraftriesen
mit stattlich hoher Krone
und dickem, zähem Stamm.

Nur selten noch,
eine Begegnung
mit der
Flatterulme
auf Erhöhungen im Auwald.

Unser
einziger Baum
mit einer
Brettwurzel.

- Bastbaum von alters her – besonders fein und stark die Bänder

- Bedeutender Kultbaum von den Germanen und Kelten bis zu den Griechen

- Vielerorts ist die Ulme auch Dorfbaum statt Linde und Eiche.

- Das Laubwerk wurde früher als Grün- und als Heufutter geerntet.

- Ulmensamen sind nur wenige Tage keimfähig.

- Ulmensamen kann man rösten zu sehr, sehr feinen Chips.

- Die Flatterulme bildet als einziger heimischer Baum ausgeprägte Brettwurzeln aus. In Auwäldern zeigen aber auch Feldahorne und Pappeln Ansätze von Brettwurzeln und an Geländekanten und in Uferbereichen stützen sich ebenso Bäume mit einem brettwurzel- und auch stelzwurzelähnlichen Wurzelstock. Doch baumtypische Brettwurzeln sind das nicht.

- Legende von der Lutherulme bei Worms:
  Eine alte Frau hörte eine Predigt von Martin Luther und sagte, sie glaube das nicht, bis ihr dürrer Gehstock austreibt, und steckte ihn in die Erde. Daraus soll dann eine mächtige Ulme gewachsen sein. So wurde die Ulme zu einem Symbol der Reformation.

großes Bild: Bergulme, kleines Bild rechts unten: Flatterulme, kleines Bild darüber: Feldulme

Vogelbeere

Sorbus aucuparia

Eine Mehlbeere – keine Esche,
die
Eberesche.
Eschenlaubähnliche Blätter
ließen falsche Schlüsse folgen.

Wahrlich schöne
weiße Schirme bildende Blüten,
leuchtend orangerote Früchte –
jede Einzelne
ein schmucker Miniaturapfel.

Zahlreich,
gefiedert oder bepelzt,
die
„Beerensammler“.
Begehrt
in der Volksheilkunde,
wie in kleinen Brennereien.

Vogelbeerbaum –
Lebens- und Glücksbaum
der Kelten.

Vielerorts
angebracht als
Tiere beschützender Giebelbaum.

Ihrer Schönheit wegen
besungen und bedichtet
von Russland bis zum Atlantik.

- Analog Aberglaube – falscher Glaube, wurde aus Aberesche – Eberesche
- In der Volksmedizin hat die Eberesche große Heilkraft für Mensch und Tier.
- Aus den sorbinsäurehältigen Beeren wird für Diabetiker der Zuckerersatz Sorbit hergestellt.

Wacholder

Juniperus communis

Struppig zerzaust
halten silberblaugrüne Nadeln
– an verworren abstehenden Ästen –
mit stechenden Spitzen
zu nahe Kommende auf Abstand.
Schönheit muss sich schützen!

Ob ihrer Kleinheit
bloß Beeren genannt,
die dreijährigen runden Zäpfchen.
Doch groß
ist ihr Aroma.

Sauerkraut und Pökelwürze,
Kranewitterschnaps –
Krambambuli.

Ein Herz für Hunde pulst bei diesem
Namen.

- Weit verbreitetes Pioniergehölz in Mitteleuropa nach der letzten Eiszeit vor 13.000 Jahren
- Eine Rarität des Gemeinen Wacholder ist der Zwergwacholder auf sehr kargen Böden und an der Baumgrenze im Gebirge.
- Krambambuli ist eine sozialkritische, tierliebende, berührende Erzählung von Marie von Ebner-Eschenbach.
- Wegen der dreijährigen Reifezeit ist es nicht ungewöhnlich, wenn neben halbreifen und reifen Beeren Blüten blühen.
- Wacholderbeerenzäpfchen, als einziges Gewürz eines heimischen Nadelbaumes weithin bekannt und geschätzt, sind aber in größeren Mengen leicht giftig.
- Neben Zedern und Zypressen kann der Gemeine Wacholder auch mit der zweiten heimischen Wacholderart, dem hoch giftigen Sadebaum, verwechselt werden, wenn man nur auf die optisch ähnlichen Früchte schaut. Unterscheidungsmerkmale: Die Nadeln des Gemeinen Wacholder sind spitz und sie stechen. Die Nadeln des Gemeinen Wacholders riechen beim Zerreiben angenehm aromatisch und die des Sadebaums sind stumpf und sie haben einen üblen Geruch.

Waldrebe

Clematis vitalba

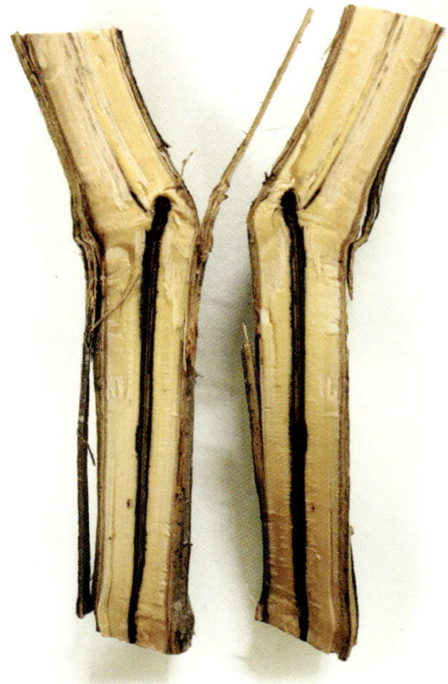

Im Kampf
um Licht
windet die verholzende Schlingpflanze
hoch,
erstickt alles Grüne
darunter.
Erst in luftiger Höhe
gewinnen
die Bäume die Oberhand.

Eine wahre Plage
für Jungwald
und seine Pfleger,
doch faszinierend
für Kinder.
Starke, tauförmige Ruten
erinnern
an Tarzan und Dschungel,
Lianen-Tschick.

Hauchzart
die zottig flauschigen Samenbüschel
mit ihren verspielten
Federschwänzchen.

Weide

Salix

Wandern mit dem Wasser,
wehen mit dem Wind,
fluten mit den Fluten –
stehn an Seen.

Wiegender Strauch,
Auwaldriese,
polares Zwerggehölz.

Flechtwerk, Pfeiferl, Bast,
so kennt sie wohl ein jeder.

Kein Palmbuschen
ohne
ihre Kätzchen.

Wohnstatt der Wassernymphen –
von ihnen wohl,
wissen seit Urzeiten
weise Frauen
um ihre
Heilkraft.

- Alleine in Mitteleuropa gibt es 30–40 Arten, die sich mischen. Goethe nannte sie daher ein „lotterhaftes Geschlecht".

- Rinde und Blätter enthalten Salicin, das im Körper zu Salicylsäure, dem Grundstoff von Medikamenten wie Aspirin, umgewandelt wird.

- Die außergewöhnliche Heilkraft haben schon Hippokrates und Plinius beschrieben, während Hildegard von Bingen sie als nutzlos und lasterhaft betrachtete.

- Für Stroh- und Reetdächer wurden/werden die Halme mit Weidenruten gebündelt mit den Dachlatten verbunden.

- Kundige Binder fixieren auch die Bünde der Reisigbesen mit Weidenruten.

- Sogar Fässer wurden mit Weidenruten zusammengehalten. Diese Technik wurde noch lange für Butterfässer genutzt, weil Eisen rostet und Rost die Butter ranzig macht.

- Die Korbflechter wissen, je schmäler die Blätter, desto biegsamer die Zweige.

- Seit Urzeiten wurde die Weide als Baum des Mondes und des Wassers, des Todes und des (Wieder)Geborenwerdens, der Fruchtbarkeit und der Sinnesfreuden verehrt. Sie war Baum von Göttinnen und Nymphen. Die Römer haben sie Janus, ihrem doppelgesichtigen Gott allen Anfangs und Endes, des Lebens und des Todes, geweiht.

- Nach einer machtlosen Verteufelung der Weiden im Zuge der Christianisierung musste die Kirche beigeben und die Weide kam zu österlichen Ehren. In Russland und Teilen Osteuropas heißt der Palmsonntag Weidensonntag.

Weißdorn

Crataegus

Blütenweiß – „rosendornig“ –
apfelbeerig
Busch, Baum oder Gestrüpp,
seiner Schutzrolle wegen
auch Hagedorn,
ur- uralt.

Lebensbedrohlich als Dickicht
– wahrlich zum Steckenbleiben –
aber auch
Leben erhaltend, verlängernd als
Heilpflanze
bei Herzeleid –
gefäßerweiternd,
nebenwirkungsfrei,
naturgegeben.

Einst
Brotmehl
von den kleinen, roten Apfelfrüchtchen,
zerstoßen und geröstet.
Kaffeeersatz aus deren Kernen.

Beinhart, hell mit Kern oder ohne
ist das Holz.
Ob Werkstatt oder Wohnstatt,
Benutzer
sind drauf stolz.

- Breite Schutzhecken um Gebäude und ganze Siedlungen machten es Eindringlingen schwer. Auch die Römer verstärkten Befestigungsanlagen mit den Hecken des Hagedorns.
- Die starken Stiele der schweren Schmiedehämmer wurden aus Weißdornholz hergestellt.
- Der Weißdorn wird 500 Jahre alt.
- Der Weißdorn kommt mit kargen, trockenen Böden gut zurecht. Er ist daher auch dort eine gute Unterlage für die Veredelung mit Apfel- und Birnenreisern.
- Schon Paracelsus hat den Weißdorn als herzstärkendes Mittel verordnet.
- Unser Hagedorn wurde von den Wikingern und wird noch heute in Island Schlafdorn genannt.

Zeder

Cedrus

Immer grün,
in sich gekehrt,
bedächtig ihr Charakter.
Ruhe.
Leicht, mit heilig-herbem Duft umgeben,
steht sie
zur Andacht –
still.

- Bei uns nicht heimisch, doch sehr, sehr lange schon mit uns, möge sie immer bei uns bleiben.
- Ihr Holz, leicht und edel herb, hält Motten fern von Kleiderkästen.
- Und mit einem kleinen Stückchen Zedernholz rund um eine Bleistift- oder Farbstiftmine haben wir alle schon gezeichnet und geschrieben.
- Der in Europa heimische Sadebaum (Juniperus sabina) gehört zur Gattung Wacholder und wird wegen seiner großen Ähnlichkeit, wenn er in Baumform wächst, gemeinhin auch als Zeder angesehen und von dieser nur von Kennern unterschieden. Viel häufiger hat er aber eine Strauchform.

Wald

Himmelszu
wachsen
Baum um Baum
wie Strauch um Strauch
aus Mutter Erde.
– Von gleichem Streben erfüllt –
der Zwergstrauch wie die Riesentanne.

Unwissend
geringgeschätzt – viel zu gering,
diese nahezu unbekannte
botanische Hochkultur.
Um Äonen älter,
gereifter als Tier und Mensch,
uns Evolutionszyklen
voraus,
der Wald.

Freie Urvölker
ahnten das stille Geheimnis,
erwiesen den Wäldern,
wie allen Wesen,
Wertschätzung, Achtung und Rücksicht –
ja,
sie kommunizierten mit ihnen
und den innewohnenden feinstofflichen
Wesen,
wohl mehr auf Gefühlsebene,
vermutlich.
Doch wurde ihnen aus Erahnen Erfahren
und daraus Wissen.

Heute leider,
sind sie alle tot – die allermeisten,
drüben die Indios,
herüben die „Hexen und Heiler".

Es liegt jetzt an uns,
– die Bäume, die Sträucher,
ganze Wälder stehen bereit –
vorerst
auf emotionaler Ebene zu entdecken,
dann aber zu lernen,
die verlorenen Harmonien
wieder zu finden,
zu gesunden.

Mögen
wir alle
die Kraft und den Frieden
des Waldes
erfahren,
erfahren und treulich bewahren.

DANKE

meiner Familie, die Geduld und Verständnis für mich und das Buchprojekt zeigte und mir helfend zur Seite stand,

an alle Eigentümer der von mir durchstreiften Wälder und Fluren,

an die hilfreichen Hinweisgeber auf Standorte bestimmter Bäume und Sträucher,

an alle, deren Möbel und Holzerzeugnisse ich fotografieren durfte,

für die freundlicherweise beigestellten Bilder,

an Konrad Neubauer für die für mich wichtigen Fotoratschläge.

Der Autor

Die wachsende Beziehung zu Bäumen und Büschen hat der Autor von seinem Vater, dieser kannte sie alle und wusste so viel über sie, ihre Eigenschaften und ihren großen Wert für Mensch und Tier.
Dieses Grundwissen hat Franz Schörkhuber sein Leben lang vertieft und möchte es den Lesern in Form von Steckbriefen, die den Bäumen und Büschen gebührende Achtung zollen, weitergeben.
Er schildert auf poetische Weise und Wissenwertes ihren Charakter, ihr Charisma und möchte Ihnen deren ausgeprägte, höchst unterschiedliche Persönlichkeiten näherbringen. Es werden rund 80 heimische Bäume und Sträucher portraitiert und 30 Holzarten beschrieben.
Zur Veranschaulichung hat er versucht, dies mit entsprechenden Bildern, auf denen auch der Bezug zu den Menschen dezent seinen Platz findet, sichtbar zu machen – wohl wissend, dass damit eine achtsame Begegnung in freier Natur nicht zu ersetzen ist.

Der Tischler alter Schule hat mit Hölzern aller heimischen Bäume gearbeitet, teils spielerisch auch mit Sträuchern. Er kennt ihre Eigenschaften und schwärmt von deren vielfältiger Einzigartigkeit. So wie die Borken fühlt sich jedes Holz anders an und verströmt seinen eigenen feinen Duft.

Schörkhuber richtet seinen Blick aber nicht nur auf altes Handwerkswissen und die ehemals vielfältige Verwendung, sondern auch auf die gegenwärtige Nutzung und geheimnisvolle mythische Überlieferungen.

Er mag die Bäume, berührt sie und „redet“ mit ihnen, dabei bekommt er oft stimmigere Antworten, so sagt er, als von manchen Leuten.